Frank Herzer

Die Flussgeschichte der Donau

GRIN Verlag

Bibliografische Information der Deutschen Nationalbibliothek:

Die Deutsche Bibliothek verzeichnet diese Publikation in der Deutschen Nationalbibliografie; detaillierte bibliografische Daten sind im Internet über http://dnb.dnb.de/ abrufbar.

Impressum:

Copyright © 2010 GRIN Verlag, Open Publishing GmbH
Druck und Bindung: Books on Demand GmbH, Norderstedt Germany
ISBN: 978-3-640-86932-9

Dieses Buch bei GRIN:

http://www.grin.com/de/e-book/168895/die-flussgeschichte-der-donau

Friedrich Schiller Universität Jena

Institut für Geographie

Exkursion/Geländepraktikum
Süddeutschland

Sommersemester 2010

Hausarbeit zum Thema

Die Flussgeschichte der Donau

Vorgelegt von

Frank Herzer

Lehramtstudent für Sport (10. Semester), Geografie (6. Semester) an Gymnasien

Abgabedatum: 01.07.2010

Inhaltsverzeichnis

Abbildungen

Tabellen

1 Einleitung

Die Donau ist einer der längsten und wasserreichsten Flüsse Europas. Sie hat ein riesiges Einzugsgebiet und entwässert große Teile des südlichen Mitteleuropas und Südosteuropas. An vielen Stellen ist deutlich sichtbar, dass die Donau nicht immer ihr heutiges Flussbett durchfloss, sondern eine ereignisreiche Vergangenheit hat, die ihren Lauf häufig und einschneidend verändert hat.

„Von wann ab können wir in der Erdgeschichte einen Flusslauf nachweisen, welcher im allgemeinen demjenigen entspricht, den wir jetzt Donau nennen?" (Zenetti, 1919, S. 7) Wie sah dieser aus? Wie hat sich die Donau weiter entwickelt und welche Umstände führten zu den Laufverlegungen? Ich möchte mich in der vorliegenden Arbeit diesen Fragestellungen widmen und dabei den heutigen Erkenntnisstand zum Thema darlegen. Der Schwerpunkt meiner Betrachtung soll auf dem oberen Teil der Donau liegen. In diesem Bereich, der sich hauptsächlich im Alpenvorland Süddeutschlands befindet, fanden die wichtigsten Prozesse und Veränderungen statt, welche die Entstehung der Donau in ihrer heutigen Form geprägt haben.

Nach einigen kurzen Erläuterungen zu Flusslaufentwicklungen im Allgemeinen werde ich, ausgehend vom gegenwärtigen Verlauf, die Flussgeschichte seit dem oberen Miozän darstellen. Ich gebe einen kurzen Überblick zum heutigen Forschungsstand, bevor ich auf die Entstehung und das Gewässersystem der Urdonau eingehe. Danach betrachte ich speziell die Geschichte des oberen und kurz die Geschichte des mittleren und unteren Flussabschnitts. Abschließend werde ich kurz den Einfluss des Menschen auf den Flusslauf aufzeigen und meine Ausführungen in den Schlussbemerkungen noch einmal zusammenfassen.

Die Flussgeschichte der Donau fand in einem ausgedehnten Zeitraum statt. Zum Zwecke der Verdeutlichung befindet sich im Anhang eine Zeittafel. Dort sind die wichtigsten Abschnitte der Entwicklung noch einmal geordnet dargestellt. Mit dieser Hilfe kann man die im Text verwendeten Angaben zeitlich besser einordnen.

2 Flusslaufentwicklung im Überblick

Die Laufentwicklung von Flüssen im Tertiär und Quartär kann heutzutage durch verschiedene Möglichkeiten nachvollzogen werden. Beweise für die Flussgeschichte lassen sich unterscheiden nach Groß- und Kleinformen. Großformen sind zum Beispiel Mäandertäler, Durchbruchsberge, Prall- und Gleithänge oder vom Fluss aufgeschüttetes Lockermaterial, die sogenannten Schotterterrassen. Zu den Kleinformen zählt eben dieses Lockermaterial, das aus Kiesen und Geröllen besteht und in seiner Gesamtheit als Schotter bezeichnet werden kann. Die Untersuchung dieses abgelagerten Materials, durch geeignete Methoden, kann Aufschluss über seine Herkunft geben und damit die Rekonstruktion der Flussgeschichte ermöglichen (Niedermeier 1995).

2.1 Flussterrassen

Flussterrassen sind eine der besten Möglichkeiten, um die Geschichte eines großen Stromes nachvollziehen zu können. Die Entstehung von Flussterrassen ist dabei das Ergebnis eines mehrfachen Wechsels zwischen Erosion und Akkumulation. Verantwortlich für diesen Wechsel sind im Wesentlichen zwei Faktoren: die tektonisch bedingte Änderung der Gefällsverhältnisse und die klimatisch bedingte Änderung der Abflussmenge (Ehlers, 1994, S. 112).

Wenn sich ein Fluss bis zu einer bestimmten Tiefe eingeschnitten hat, bewirkt Seitenerosion eine Verbreiterung der Talaue. Hier werden Kies, Sand und Ton als Sedimente abgelagert. Wenn das Gebiet nun tektonisch gehoben wird, muss sich der Fluss daran anpassen und Tiefenerosion setzt ein, bis die Hebung kompensiert ist. Der mehrfache Wechsel zwischen diesen beiden Prozessen führt dazu, dass man heute noch Terrassenreste an den Hängen findet. Die obersten Terrassen sind demzufolge auch die ältesten und die unteren entsprechend jünger (Wagenbreth & Steiner, 1990, S. 20).

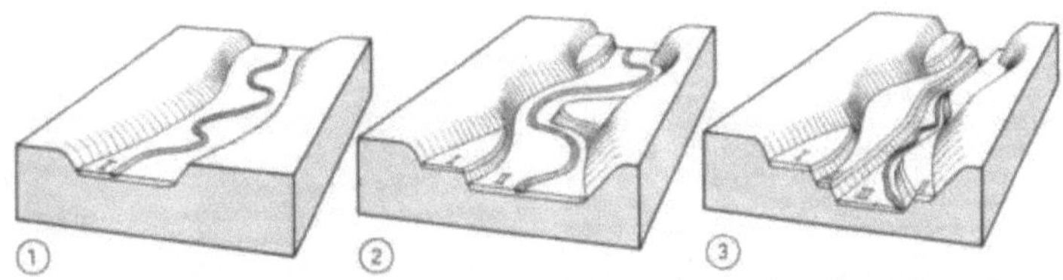

Abb. 1: Schematische Darstellung der Terrassenbildung durch Einschneidung und Aufschotterung (aus Wagenbreth & Steiner, 1990, S. 20)

Eine weitere, besonders für Mitteleuropa zutreffende, Ursache für die Terrassenbildung hängt mit der Vergletscherung im Pleistozän zusammen. Mit dem Vorrücken der Talgletscher gelangten große Mengen groben Gesteinsschutts in das Flusssystem. Die breiten Talsohlen wurden daraufhin mit großen Mengen aufgeschüttetem Alluvium gefüllt. Als eine Klimaerwärmung nun zum Abschmelzen des Inlandeises führte, ließ die Lieferung grober Geröllfracht nach. Die reichlichen Abflussmengen, verbunden mit geringer Geröllfracht, bedingten nun eine Erosion des Flussbettes, welches nun tiefer und schmaler wurde. Wie in Abbildung 1 zu sehen, bleiben auf beiden Seiten des Tals stufenartige Formen, die sogenannten Aufschüttungsterrassen, bestehen (Strahler & Strahler, 2005, S. 390).

Mit Hilfe von petrographisch-sedimentalogischen Parametern können die Schotter der Flussterrassen auf ihre Herkunft, Ablagerungszeit und Sedimentationsbedingungen hin untersucht werden. Geeignete Parameter sind dabei unter anderem „Korngröße, Gefüge, lithologische Zusammensetzung und Verwitterungsgrad der Kies- oder Sandfraktion, oder Schwermineralanalysen" (Ehlers, 1994, S. 113).

3 Heutiger Flussverlauf

Nach der Wolga ist die Donau der zweitlängste Strom Europas. Ihre Länge beträgt 2857 km bei einer mittleren Wasserführung von 6450 m³/s. Der Zusammenfluss der beiden Flüsse Brigach und Breg, sowie einer eigenständigen Quelle in Donaueschingen lässt die Donau am Rande des Schwarzwaldes entstehen.

Abb. 2: Donau-Karte (aus Ullrich, D. (2005) unter <http://upload.wikimedia.org/ wikipedia/commons/a/a2/Donau-Karte.png> (Stand: 2005-02-15) (Zugriff: 2010-05-30))

Wie in Abbildung 2 zu erkennen, führt ihr weiterer Verlauf durch das nördliche Alpenvorland, die pannonische Tiefebene und das rumänische Tiefland, bis sie schließlich in einem verzweigten Delta in das Schwarze Meer mündet (Handtke, 1993, S. 224 f.).

Neben Deutschland durchquert die Donau die Länder Österreich, die Slowakei, Ungarn, Serbien und Rumänien und bildet für 4 weitere Staaten einen Grenzfluss. Am 817000 km² großen Einzugsgebiet sind 17 Staaten beteiligt (Liedke & Marcinek, 2002, S. 136). Innerhalb Deutschlands zählen Iller, Inn, Lech und Isar zu den wichtigsten Zuflüssen. Donaueschingen, Ulm, Ingolstadt und Regensburg sind bedeutende Städte in Deutschland; Wien, Bratislava, Budapest und Belgrad im weiteren Verlauf durch Europa.

Im Gegensatz zu den meisten anderen Flüssen der Welt werden die Stromkilometer der Donau von der Mündung zur Quelle und nicht andersherum gezählt. Und auch die Tatsache, dass sie als einzige große Wasserstraße in Europa eine Fließrichtung von Westen nach Osten einnimmt, zählt zu den Besonderheiten der Donau (Austria Lexicon, 2010). Dieser Umstand gründet in der ereignisreichen Entstehungsgeschichte des Flusssystems, welche in den nächsten Kapiteln näher betrachtet werden soll.

4 Flusslaufentwicklung der oberen Donau

4.1 Entstehung der Urdonau

Die Entstehung der Donau und ihres Flusssystems beginnt im süddeutschen Alpenvorland im Obermiozän vor etwa 5-10 Millionen Jahren. Schon vorher hatten tektonische Vorgänge, vor allem der alpinen Orogenese, die Landschaft hier intensiv geprägt. In den Alpen abgetragene Sedimente wurden von Gebirgsflüssen in die Vorländer transportiert und lagerten sich dort als Süßwassermolasse ab (Villinger, 1998, S. 384 f.).

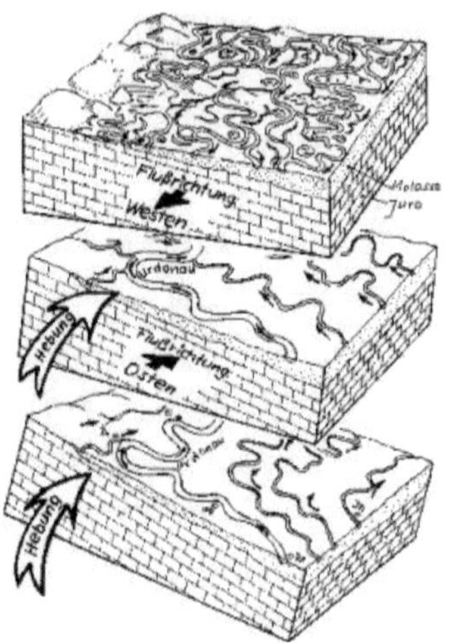

Abb. 3: Entstehung der Urdonau im Obermiozän (aus Niedermeier, H. (1994) unter http://www.ingolstadt.de/stadtmuseum/scheurer/donau/donau-01.htm (Stand: 2007-04-16) (Zugriff: 2003-04-10))

Das damals vorherrschende Relief in diesem Gebiet führte zu einem generellen Abfluss in westlicher Richtung. Nun waren es wieder tektonische Bewegungen, denen sich das Gewässersystem anpassen musste. Im oberen Miozän und im Pliozän rückten die Teilelemente am Nordrand der Alpen in ihre heutige Position, wobei das Vorland herausgehoben wurde. Durch eine stärkere Hebung im westlichen Teil gegenüber dem Östlichen, kippte, wie in Abbildung 3 zu sehen, das Gebiet nun in die entgegengesetzte Richtung. Fast der gesamte Abfluss des Alpenvorlandes entwässerte nun nach Osten hin zur Pannonischen Senke (Benda, 1995, S. 260). Noch heute in diesem Bereich zu findende Schotter belegen, dass sich die Gewässer zu einer Rinne sammelten, die als Vorläufer der heutigen Donau bezeichnet werden kann. Die Urdonau war entstanden. (Liedke & Marcinek, 2002, S. 597)

4.2 Gewässersystem der Urdonau

Wie diese Urdonau im Genauen aussah, ist heute schwer zu sagen, denn die „Flussgeschichte der Donau lässt sich nur zum Teil rekonstruieren, da die älteren Terrassen vielfach nur als Relikte vorhanden sind" (Ehlers, 1994, S. 249). Ihre Zuflüsse kamen damals wahrscheinlich zunächst von Nord-Nordwesten und Süd-Südwesten her.

Als gesichert gilt, dass die Urdonau in Teilen recht deutlich von ihrem jetzigen Flussbett abwich und sie in der Folge eine sehr viel höhere Wasser- und Schuttmenge Richtung Schwarzes Meer transportierte als heute (Niedermeier, 1994).

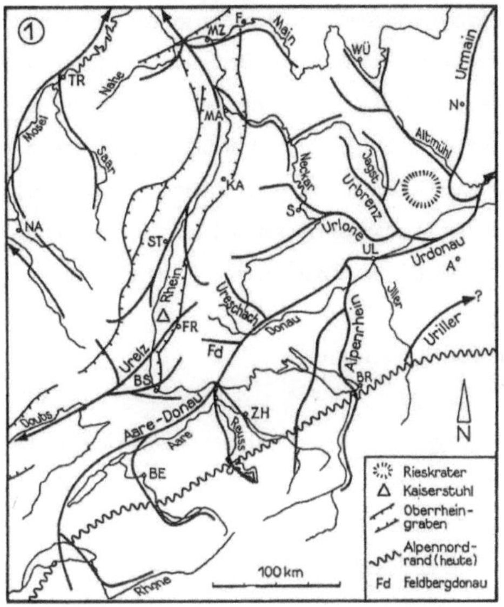

Abb. 4: Flussverlauf von Aare-Donau/Ur-Donau, Feldbergdonau und Alpenrhein während des Obermio-/Pliozän im Alpenvorland (aus Villinger, 1998, S. 388)

Das unten beschriebene Flusssystem der Urdonau ist zur Verdeutlichung noch einmal in Abbildung 4 dargestellt. In der Skizze von Eckhardt Villinger (1998) ist auch das Einzugsgebiet des Rheins zu sehen, welches sich in der Folge noch deutlich weiter, zu Ungunsten der Urdonau, ausdehnen sollte.

Die früher umstrittene Existenz eines Hauptquellastes der Urdonau, der im schweizerischen Aare-Massiv entspringt, ist nicht einwandfrei geklärt, aber durchaus wahrscheinlich. Villinger (1998, S. 386) geht zudem von einer Verbindung zur Walliser Rhone als zweitem großen Quellast dieser „Aare-Donau" aus. Ihr Lauf führte sie durch das Schweizer Mittelland, wo ihr große Wassermengen der umliegenden Berge zuflossen, weiter Richtung Schwarzwald. Hochliegende Schotter entlang dem oberen Wutachtal bezeugen, dass die Aare-Donau einen vom Süd- und Mittelschwarzwald kommenden, starken Zufluss hatte, die sogenannte Feldbergdonau. Weitere Zubringer waren Urbrigach und Urbreg, die etwas weiter flussabwärts den Hauptstrom erreichten.

Ein zweiter Hauptquellast, der sich im Raum Ehingen mit der Urdonau vereinigte, war der Alpenrhein. Dieser entwässerte im Pliozän und im Unterpleistozän vor 5 – ca. 1 Mio. Jahren ein weitreichendes Gebiet der Nordalpen und erreichte die Donau dann von Süden her. (Keller, 2010, S. 196)

Im Bereich des Ingolstädter Beckens weicht die pliozäne Donau auf einem über 100 Kilometer langen Teilstück vom heutigen Flusslauf ab. Viele Anzeichen sprechen dafür, dass sie nach Norden ins Tal der heutigen Altmühl floss. Daraus resultiert auch der Name Altmühldonau, den die Urdonau für den Bereich von Donauwörth bis Kelheim erhalten hat. Nördliche Zubringer in diesem Gebiet sind die Vorläufer der Brenz, der Altmühl, des Mains, des Neckar und der Naab. Weiter ostwärts im Wiener Raum ist zu dieser Zeit noch kein Anzeichen einer Urdonau zu finden (Rutte, 1987, S. 54 ff.).

4.3 Flusslaufverlegungen

Ab dem Jungpliozän begann sich das riesige Gewässernetz der Urdonau langfristig zu verkleinern. Wieder waren es tektonische Vorgänge, die den Verlauf des Flusses beeinflussten und veränderten. Im Gebiet des obersten Quellflusses wurden diese Veränderungen als erstes wirksam.

4.3.1   <u>Aaredonau</u>

Andauernde Hebungsvorgänge führten dazu, dass die Aaredonau den Untergrund am Albsüdrand immer weiter erodierte und die Molassedecke von ihr fast vollständig abgetragen wurde. Sie musste sich dabei immer weiter einschneiden, um das Anheben der Oberfläche zu kompensieren. Mitte des Pliozäns, vor etwa 3,5 Mio. Jahren, konnte sie dann „nicht mehr mit den Hebungen des Schwarzwaldes und seines südöstlichen Vorlands Schritt [..] halten." (Villinger, 1998, S. 387) Dadurch wurde der Laufweg der Aare versperrt und sie musste sich einen neuen Abfluss suchen. Bei Waldshut wurde ihre ursprünglich nordöstlich verlaufende Fließrichtung nach Westen abgelenkt. Diesen scharfen Bogen, den die Aare dort auch heute noch macht, führt sie durch eine Senkungszone zwischen Südschwarzwald und Faltenjura Richtung Basel und schließlich in die Region des heutigen Sundgaus (Vgl. Abbildung 5). Dort vereinigt sie sich mit dem Urdoubs und fließt weiter zur Rhone und schließlich ins Mittelmeer (Rutte, 1987, S.58; Villinger, 1998, S. 387).

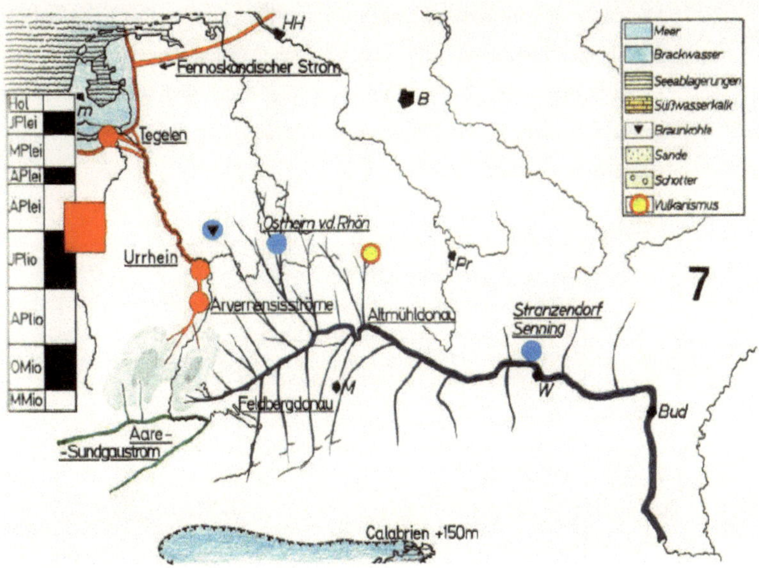

Abb. 5: Die Aare wendet sich dem Mittelmeer zu (aus Rutte, 1987, S. 57)

Anfang des Pleistozäns, wurde dieser Aare-Sundgaustrom ein weiteres Mal abgelenkt. Durch eine Senkung des Oberrheingrabens kam es zu einer Verschiebung der Wasserscheide zwischen dem Einzugsgebiet des Aare-Rhone-Systems und dem Abflusssystem des Urrheins. Die Aare wurde dadurch nach Norden abgelenkt und floss nun zum Rhein und damit zur Nordsee (Liedke & Marcinek, 2002, S. 600).

Der Wegfall der Aare als Hauptquellast führte dazu, dass die Donau ab diesem Zeitpunkt schon einen Großteil ihrer ursprünglichen Wassermenge verlor. Verbliebene Zubringer waren zu diesem Zeitpunkt noch der Alpenrhein, die linken danubischen Nebenflüsse bis zum Urmain und die Feldbergdonau, die nun zum Quellfluss der Donau wurde (Rutte, 1987, S. 58).

4.3.2   <u>Alpenrhein</u>

Die letzte große Veränderung im danubischen Einzugsgebiet war nicht mehr rein tektonischen, sondern auch klimatischen Vorgängen zu schulden. Wie bereits in Kapitel 3.2 beschrieben, entwässerte der Alpenrhein lange Zeit große Teile der Nordalpen und vereinigte sich im Raum Ehingen dann mit der Donau. Das beweisen Geröllanalysen der Ehinger Streuschotter über dem heutigen Donaulauf.

Es ist anzunehmen, dass sich mit dem Beginn der Eiszeiten im Pleistozän und dabei genauer ab dem Donau-Eiszeitenkomplex ein Gletscher im Alpenvorland ausbildete (siehe Abbildung 6).

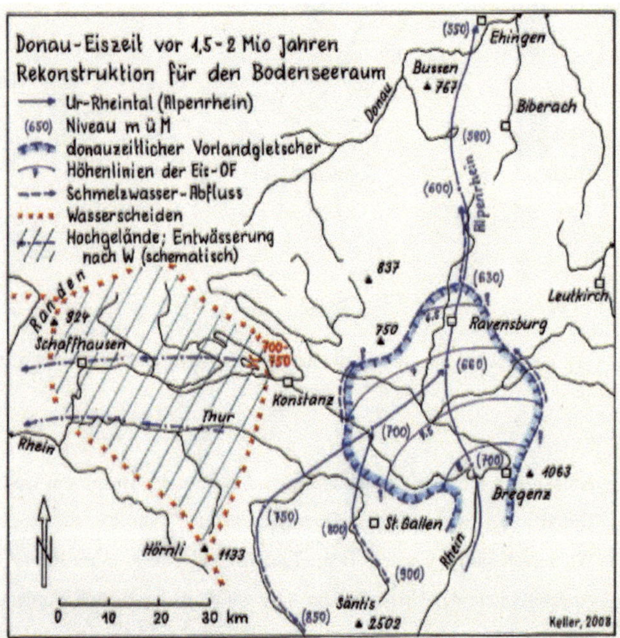

Abb. 6: Erste Vorlandvergletscherung in der Donau-Eiszeit (aus Keller, 2009, S. 200)

Dieser Rheingletscher führte vor etwa einer Mio. Jahre (Günz-Eiszeitenkomplex) zum Hochstau der westlichen Schmelzwasserströme und Zubringerflüsse wie der Thur. In den periglazialen Perioden kam es dabei zu einem Überlaufen über die Wasserscheide zum tiefer gelegenen Aare-Rhein-System im Westen. Vermutlich wurde der Abfluss zur Donau in den Warmzeiten und dem damit einhergehenden Abschmelzen des Gletschers, immer wieder frei geräumt. Mit dem Einschneiden der Abflussrinnen des Schmelzwassers und vermutlich letzten tektonischen Bewegungen, kam es nun dazu, dass der Alpenrhein, auch interglazial, zur Aare hin überlief. Damit wurde vor etwa 450000 Jahren der Flusslauf zur Donau trockengelegt und der Alpenrhein dauerhaft und endgültig nach Westen zum Aare-Rhein-System umgelenkt. (Keller, 2009, S. 193 f.)

„Die Folgen waren umwälzend, indem die Entwässerung, bisher zur Donau-Schwarzes Meer, sich nun zum Oberrhein-Nordsee ausrichtete und dabei die europäische Wasserscheide weit nach Osten verlegt wurde" (ebd., S. 193)

Auch im Norden verlor die Donau große Teile des ursprünglichen Einzugsgebietes. Denn etwa zur gleichen Zeit schnitten sich die nördlichen Zubringer, vor allem Neckar und Main, weiter ein und aufgrund rückschreitender Erosion kam es auch hier dazu, dass diese Zuflüsse sich von der Donau abwendeten und von nun an ebenfalls dem Rhein tributär waren (Liedke & Marcinek, 2002, S. 600). Damit war das Grundgerüst des bis heute bestehenden Flusssystems geschaffen.

4.3.3 <u>Weitere Flusslaufänderungen ab der Riss-Eiszeit</u>

Im Mittel- und Jungpleistozän waren die Flusslaufänderungen der Donau nicht mehr so gravierend, wie in den vorangegangenen Abschnitten. Mit dem Beginn der Riss-Eiszeit erfolgten die vorerst letzten Veränderungen des Entwässerungssystems und die Ausbildung des heutigen Talverlaufs. Zur besseren Veranschaulichung dient eine Darstellung von Lidke & Marcinek (2002), anhand derer man die folgenden Ausführungen besser verfolgen kann (Abbildung 7).

Im Abschnitt zwischen Sigmaringen und Riedlingen durchfloss die ältestpleistozäne Donau ein etwas südlicher gelegenes Tal als heute. Villinger (1985, 1986) belegt, dass die Laufverlegung in diesem Bereich mit dem Vordringen des Rheingletschers, bis auf die schwäbische Alb, während der Riss-Eiszeit zusammen hängt (Liedke & Marcinek, 2002, S. 636).

Die vorletzte Laufverlegung der Donau auf süddeutschem Raum betrifft das Gebiet des Ingolstädter Beckens. Wie schon im Punkt 3.2 erwähnt, durchfloss sie bis ins mittlere Pleistozän das heutige Tal der Altmühl von Dollnstein bis Kehlheim (in Abbildung 8 blau dargestellt). Belegt werden kann dieser Sachverhalt zum einen durch die Tatsache, dass ein kleiner Fluss wie die Altmühl nicht über genügend Wassermengen und Reliefenergie verfügt, um ein Tal mit solch gewaltigem Ausmaß geschaffen zu haben. Zum anderen durch Schotter, die in diesem Bereich abgelagert wurden und zweifelsfrei danubischen Ursprungs sind (Meyer & Schmidt-Kaler, 1991). Die Umlenkung der Altmühldonau erfolgte nun in zwei Abschnitten. Der erste Abschnitt hängt mit den klimatischen Bedingungen der Eiszeitenfolge zusammen. Der etwa 2 Mio. Jahre dauernde Wechsel zwischen Warm- und Kaltzeiten führte dazu, dass die vergleichsweise kleine Schutter (in Abbildung 8 grün dargestellt) sich zunächst unterirdisch durch Rückwärtsverlegung ihrer Karstquelle westwärts bis unmittelbar vor die Donau verlegt wurde. Vor 150000-200000 Jahren resultierte daraus, dass die Donau nun auch oberirdisch angezapft und in das Schuttertal Richtung Ingolstadt umgelenkt wurde. Die „Schutterdonau", wie sie in dieser Phase genannt wurde, existierte aber nur kurze Zeit (Niedermeyer, 1995). Denn im nächsten Abschnitt erfolgte „eine zweite Anzapfung durch den »Neuburger Fluss« [..] [was] schließlich am Ende der Risseiszeit die Ablenkung der Donau in ihr heutiges Bett" (Tillmann, 1977 In: Ehlers, 1994, S. 252) bewirkte. Durch die Verlegung entsteht zwischen Donau und Altmühl das Wellheimer Trockental. Wenn man die beiden Abschnitte zusammen nimmt, ergibt sich für den jetzigen Verlauf im Vergleich zur Altmühldonau eine Laufverkürzung um etwa 50 km, bei gleichzeitiger Gefällszunahme von 0,19 ‰ (Niedermeyer, 1997).

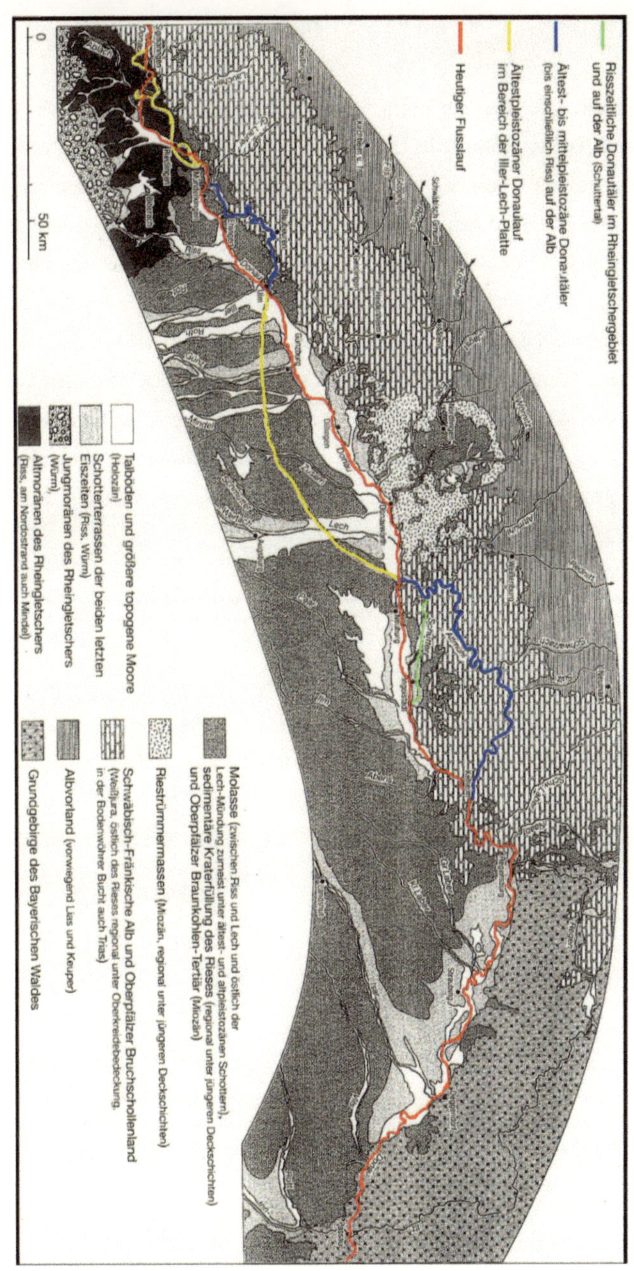

Abb. 7: Das Donautal zwischen Sigmaringen und Passau (verändert aus: Liedke & Marcinek, 2002, S. 635)

Seitdem die Aare sich dem Rhein zugewendet hatte, war die Feldbergdonau alleiniger Hauptquellast der pleistozänen Donau. Von ihren Zuflüssen im Bereich des Bonndorfer Grabens gespeist, floss sie durch das Aitrachtal Blumberg-Hausen zur Tuttlinger Donau. Die Feldbergdonau entwässerte damals weite Teile des Schwarzwaldgebiets und schuf auf ihrem Weg ein großes, für die heutige Aitrach viel zu tiefes und breites Tal.

Vor etwa 19000-20000 Jahren auf dem Höhepunkt der letzten Eiszeit scheint es nun ein Schmelzwasserfluss des Würm-Schwarzwaldgletschers gewesen zu sein, der Richtung Hochrhein übergelaufen war und damit die mittels rückschreitender Erosion nahe herankommende Wutach erreicht hat. Der Hauptarm wurde so nach wenigen Jahren trockengelegt. Die vom Feldberggebiet kommenden Wassermassen werden jetzt nach Süden zum Rhein gesteuert, somit die Feldbergdonau angezapft und geologisch ausgedrückt, »geköpft« (Vgl. Abbildung 7).

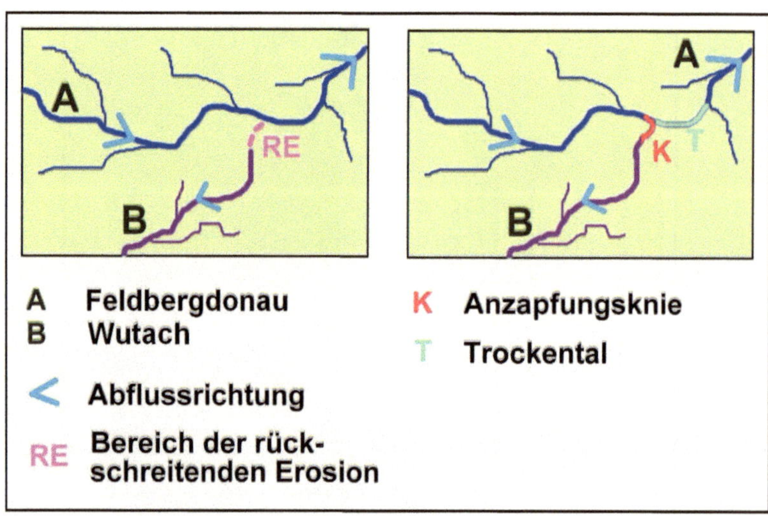

Abb. 8: Flussanzapfung der Feldberg-Donau durch die Wutach (verändert aus: <http://de.academic.ru/pictures/dewiki/70/Flussanzapfung_Schema_ReiKi.png> (Stand: 2009-07-15) (Zugriff: 2010-05-30))

Bei der Anzapfungsstelle selbst hat die Wutach wegen der enorm großen Wassermassen, die die Aitrach mit sich brachte und dem Höhenunterschied zum viel tiefer liegenden Rhein, ein extremes Tal einerodiert. Das weiche Juragestein im Untergrund begünstigte die Erosion und so ist binnen weniger Jahrtausende die eindrucksvolle Wutachschlucht entstanden (Geyer & Gwinner, 1991, S. 284 f.).

4.3.5   Ausblick

Wenn man sich die Flussgeschichte der Donau im süddeutschen Raum noch einmal vor Augen führt, ist klar zu erkennen, dass sie in ihrer Entwicklung von der Urdonau bis zur heutigen Ausprägung schon ein vielfaches ihrer einstigen Wassermenge, weite Teile des Einzugsgebietes und viele Stromkilometer verloren hat. Die Aaredonau und der Alpenrhein sind nur zwei Beispiele, die das belegen. Den größten Teil des verlorenen Einzugsgebietes musste die Donau an das Abflusssystem des Rheins abtreten.

Diese Entwicklung scheint aber noch nicht abgeschlossen zu sein, denn die „Eroberung von immer weiteren Teilen des Donaueinzugsgebiets durch den viel tiefer fließenden Rhein und seine Nebenflüsse, besonders durch den den Albtrauf immer weiter nach SE zurückdrängenden Neckar und seine rechten Zubringer, geht bis heute weiter." (Villinger, 1998, S. 387) Diese Eroberung verläuft dabei überirdisch oft nur schrittweise. Im Gebiet der verkarsteten Albtafel schreitet die Entwässerungsverlegung Richtung Neckar bzw. Rhein zunächst unterirdisch durch Verschiebung der Karstscheide voran. Deutlich zu sehen ist diese Tatsache im Bereich der Donauversickerungen bei Immendingen und Fridingen. Hier versickert die Donau im Karstwassersystem und kommt 11,7 bzw. 18,5 Kilometer entfernt beim Aachtopf wieder an die Oberfläche. Teilweise und zeitweise auch vollständig, fließt das Donauwasser dabei unterirdisch der Aach zu, welche in den Bodensee mündet und damit dem Entwässerungssystem des Rheins angehört (Villinger, 1998, S. 387).

Das Schleifenbächle entwässert die alte Talebene, auf der heute die Stadt Blumberg gelegen ist zur Wutach hin. Dieser Bach gräbt sich ebenfalls immer tiefer in die Blumberger Pforte ein, da dort das Gesteinsmaterial zum größten Teil nur aus weichen Geröllablagerungen der alten Feldberg-Donau besteht. Man kann davon ausgehen, dass das Schleifenbächle eines Tages die Aitrach erreichen und weiter in Richtung Donau entwässern wird. Dadurch wird dann die Donau bei Geisingen zum Rhein abgelenkt werden (Rutte, 1987, S. 131 f.).

Die europäische Wasserscheide zwischen dem zur Nordsee entwässerndem Rhein und der zum Schwarzen Meer fließenden Donau hat sich im vergangenen Tertiär immer weiter ostwärts verschoben. Die Anzeichen sprechen dafür, dass sie das auch in Zukunft weiter tun wird. Ob in geraumer Zeit der gesamte Abfluss aus dem süddeutschen Raum Richtung Nordsee entwässern wird, ist spekulativ, aber durchaus im Bereich des Möglichen.

5   Entwicklung des mittleren und unterem Flusslaufes

Nachdem ich in den bisherigen Kapiteln vor allem auf die Flussgeschichte des oberen Teils der Donau, auf deutschem Gebiet, eingegangen bin, möchte ich in diesem Kapitel einen kurzen Abriss der Entwicklung im mittleren und unteren Flusslauf geben. Die nachfolgenden Ausführungen stützen sich zum größten Teil auf die Aussagen von Renè Hantke (1993).

Im Bereich des Pannonischen Raumes ragte das damalige (Schwarze) Meer im Miozän viel weiter ins Landesinnere. Die Mündung der Urdonau in dieses Meer lag dementsprechend viel weiter westlich als heute. Das tertiärzeitliche Meer zog sich aufgrund von Senkungen im Pannonischen Becken mit einhergehender Gebirgsbildung des Karpaten-Bogens und des Balkan-Gebirges langsam immer weiter ostwärts zurück. Dieser Meeresspiegelsenkung folgte der Abfluss der Donau. (Handtke, 1993, S. 226) Unterhalb des Eisernen Tores, einer früheren Meerenge, wurde die Donau in Kaltzeiten mit viel Schutt der Karpaten-Flüsse befrachtet. Das führte dazu, dass sie gegen die bulgarische Kreideplatte gedrückt wurde. Von dort aus floss die Donau weiter Richtung Dobrudscha und durch das Karasu–Tal ins Schwarze Meer. Der Unterlauf führte durch die aktive Senkungszone Bràila–Buzàu nach Norden, bevor er am Nordrand der Dobrudscha wieder den östlichen Weg einnahm und dort bis heute ein mächtiges Delta bildet (Handtke, 1993, S. 227).

6 Einfluss des Menschen

Neben den natürlichen Flusslaufveränderungen und –verlegungen hat auch der Mensch auf das heutige Erscheinungsbild der Donau eingewirkt. „Mit Regulierungen, Korrekturen, Begradigungen, Dämmen und Deichen hat er von der Quelle bis zur Mündung immer wieder neue Situationen geschaffen und damit aber auch verändertes und keineswegs immer freundliches Fließverhalten provoziert." (Rutte, 1987, S. 135 f.)

Der erste Versuch eines Kanalbaus im Bereich der oberen Donau geht lange Zeit zurück. Bereits im Frühmittelalter fasste Karl der Große den Plan eine Verbindung zwischen Rhein und Donau zu schaffen. Die »Fossa Carolina«, so der Name des geplanten Kanals zwischen Treutlingen und Weißenburg, wurde allerdings nie fertiggestellt.

Der König Ludwig I-Kanal ist die erste verwirklichte Verbindung zwischen Donau und Main und wurde 1847 für den Verkehr freigegeben. Zwischen Bamberg und Kehlheim beträgt seine Länge 172,4 km. Er wurde bis ins Jahr 1949 wasserwirtschaftlich genutzt (Handtke, 1993, S. 225).

Die Idee einer Wasserstraßenverbindung wurde erst mit dem 1992 fertiggestellten Main-Donau-Kanal 1992 auf einer Länge von 171 km effektiv umgesetzt.

Ein wichtiger Kanal im unteren Donaulauf ist der Donau-Schwarzmeer-Kanal, der den Weg ins Schwarze Meer durch Umfahrung des Deltas um etwa 240 km verkürzt.

7 Schlussbemerkungen

Abschließend möchte ich die Flussgeschichte der Donau noch einmal zusammenfassend darstellen.

Die Urdonau mit der Aare und der Walliser Rhone als Hauptquellflüssen entwässerte in östlicher Richtung. In diesen, als Aare-Donau bezeichneten Fluss mündete der Alpenrhein im Raum von Ehingen. Die aus den Südvogesen und dem Südschwarzwald entspringenden Flüsse flossen im Mittel- und Obermiozän nach Südosten ins Molassebecken. In der Folge entwässerten diese Flüsse nach Südwesten in Richtung Mittelmeer.

Da der Oberlauf der Aare-Donau mit den Hebungen des Schwarzwalds nicht mehr Schritt halten konnte, musste sich die Aare einen neuen Weg suchen. Sie floss zusammen mit den Flüssen des südlichen Oberrheingrabens nun als Aare zum Mittelmeer. Im obersten Pliozän kam durch das Absinken des Oberrheingrabens die Überwindung der Kaiserstuhlschwelle durch den Urrhein zustande. Die Aare floss nun zum Rhein und weiter zur Nordsee. Alpenrhein und Feldberg-Donau flossen weiter zur Urdonau.

Vorletzter Schritt war der Anschluss des Alpenrheins an den Aare-Rhein im späten Ältestpleistozän. Schließlich wurde die Feldberg-Donau aufgrund von rückschreitender Erosion von der Wutach zum Hochrhein abgelenkt.

Die genannten Bedingungen, die zur Flusslaufentwicklung beitrugen, wurden vollständig durch natürliche Einflussfaktoren bestimmt. Verlegungen des Flusslaufes und Veränderungen im Fließverhalten geschahen in Tausenden bzw. Millionen von Jahren. Für seine eigenen Zwecke änderte der Mensch innerhalb einiger hundert Jahre den Verlauf des Flusses durch Regulierungen, Korrekturen, Begradigungen und den Bau von Kanälen. Allerdings zeigt sich heute, anhand der immer häufigeren Hochwasser und Überschwemmungen, dass dies nicht nur Vorteile mit sich bringt.

Internetquellen

- AUSTRIA-LEXICON. (2010). Donau, <http://austria-lexikon.at/af/AEIOU/Donau%2C_Fluss> (Stand: 2010-03-12) (Zugriff: 2010-05-17).

- NIEDERMEIER, H. (1994). Laufverlegungen der Donau - Die Urdonau. - Materialsammlung zur Geschichte von Ingolstadt, <http://www.ingolstadt.de/stadtmuseum/scheuerer/donau/donau-01.htm> (Stand: 2007-04-16) (Zugriff: 2003-04-10).

- NIEDERMEIER, H. (1994). Laufverlegungen der Donau 2. - Materialsammlung zur Geschichte von Ingolstadt, <http://www.ingolstadt.de/stadtmuseum/scheuerer/donau/donau-02.htm> (Stand: 2007-04-16) (Zugriff: 2003-04-10).

- NIEDERMEIER, H. (1995). Beweise für einen Flußlauf. - Materialsammlung zur Geschichte von Ingolstadt, <http://www.ingolstadt.de/stadtmuseum/scheuerer/donau/donau-03.htm> (Stand: 2007-04-16) (Zugriff: 2003-04-10).

- NIEDERMEIER, H. (1995). Die erste Laufverlegung der Donau. - Materialsammlung zur Geschichte von Ingolstadt, <http://www.ingolstadt.de/stadtmuseum/scheuerer/donau/donau-04.htm> (Stand: 2007-04-16) (Zugriff: 2003-04-10).

- NIEDERMEIER, H. (1997). Die zweite Laufverlegung der Donau. - Materialsammlung zur Geschichte von Ingolstadt, <http://www.ingolstadt.de/stadtmuseum/scheuerer/donau/donau-05.htm> (Stand: 2007-04-16) (Zugriff: 2003-04-10).

Literaturverzeichnis

Benda, L. (1995). *Das Quartär Deutschlands: mit 30 Tabellen.* Berlin: Borntraeger.

Ehlers, J. (1994). *Allgemeine und historische Quartärgeologie.* Stuttgart: Ferdinand Enke.

Geyer, O. F., & Gwinner, M. P. (1991). Geologie von Baden-Württemberg ; mit 26 Tabellen. Stuttgart: Schweizerbart.

Handtke, R. (1993). *Flußgeschichte Mitteleuropas -Skizzen zu einer Erd-, Vegetations- und Klimageschichte der letzten 40 Millionen Jahre.* Stuttgart: Ferdinant Enke.

Keller, O. (2009). *Als der Alpenrhein sich von der Donau zum Oberrhein wandte. Zur Umlenkung eines Flusses im Eiszeitalter.* In: Schriften des Vereins für Geschichte des Bodensees und seiner Umgebung. Ostfildern, S. 193-208.

Liedke, H., & Marcinek, J. (2002). *Physische Geographie Deutschlands : 84 Tabellen .* Gotha: Klett-Perthes.

Meyer, R., & Schmidt-Kaler, H. (1991). *Wanderungen in die Erdgeschichte -Durchs Urdonautal nach Eichstätt.* München: Friedrich Pfeil.

Rutte, E. (1987). *Rhein, Main, Donau: wie – wann - warum sie wurden. Eine geologische Geschichte.* Sigmaringen: Jan Thorbecke.

Strahler, A. H., & Strahler, A. N. (2005). *Physische Geographie.* Stuttgart: Verlag Eugen Ulmer.

Villinger, E. (1998). *Zur Flußgeschichte von Rhein und Donau in Südwestdeutschland.* In: Rothe, P. [Hrsg.]: Jahresberichte und Mitteilungen des Oberrheinischen Geologischen Vereines, Band 80. Stuttgart, S. 361-398.

Wagenbreth, O., & Steiner, W. (1990). Geologische Streifzüge : Landschaft und Erdgeschichte zwischen Kap Arkona und Fichtelberg. Leipzig: Deutscher Verlag für Grundstoffindustrie.

Zenetti, P. (1919). *Die obere Donau: eine erdgeschichtliche Studie.* München: Natur und Kultur.

Anhang

Tab. 1: Zeitskala des Quartärs im Alpenvorland (Datenquelle: Villinger, 1986, S. 303)

Zeitskala	Zeit (ka)	Gliederung im Alpenvorland	Vorgänge im Alpenvorland	Veränderungen im Flusssystem
	0	Holozän		
Jung-pleistozän		Würm-Eiszeit	Letzte Gletschervorstöße	Ablenkung der Feldbergdonau durch die Wutach
		Eom-Warmzeit		
Mittel-pleistozän		Riss-Eiszeit	Weite Gletschervorstöße bis über Sigmaringen/Riedlingen	Donau verlässt Kirchener/Blaubeurer Tal
		Holstein-Warmzeit		
Alt-pleistozän		Mindel-Eiszeit	Weite Gletschervorstöße bis Sigmaringen	
	0,5	Cromer-Komplex		Fortdauer der unterirdischen Verkarstung
		Günz-Eiszeit	Gletschervorstöße ins Vorland, Anlage des Bodenseebeckens	Zeitweise oberirdische Entwässerung auf der Schwäbischen Alb bei Permafrost
	1	D/G Warmzeit (Waal)		Entwässerung auf der Schwäbischen Alb weitgehend unterirdisch
Ältest-pleistozän	1,5	Donaueiszeit(en)	Gletschervorstöße ins Vorland entlang Alpenrheintal	Ablenkung des Alpenrheins zur Aare/Oberrhein
	2	B/D Warmzeit (Tegelen)		Schwäbische Alb noch wasserdurchflossen
		Biber-Kaltzeiten	Gletscher in den Alpen ?	
Quartär				
Tertiär	2,5	Oberes		Ablenkung der Aare zum Oberrhein (bei Basel)
	4	Pliozän		Ablenkung der Aaredonau zum Urdoubs und zur Rhone (bei Waldshut)
		Unteres		
	6			Einsetzen der unterirdischen Verkarstung des Malms
	8	Oberes Miozän	Entstehung des Alpenrheins (Abfluss zur Donau bei Ehingen) Entstehung der Aaredonau	
	10		Oberrhein entspringt etwa beim Kaiserstuhl Ende der OSM-Sedimentation im Molassebecken	
	12			